ISBN 978-3-662-24068-7   ISBN 978-3-662-26180-4 (eBook)
DOI 10.1007/978-3-662-26180-4

Die konstant gedrallten Strahlflächen mit einer kubischen Zentraltorse von der konstanten Böschung $\sqrt{3}$

Von

Klaus Meirer, Wien

(Mit 4 Abbildungen im Text)

(Vorgelegt in der Sitzung am 30. Jänner 1970 durch das w. M. J. Krames)

Nr. 1

In seiner Arbeit [9], **Nr. 2** bis **Nr. 5**, untersuchte der Verfasser dieser Zeilen den *Zusammenhang*, der zwischen der *Striktionslinie* einer *Strahlfläche* Φ und einer *zu den Erzeugenden* von Φ *geodätisch parallelen Linie* l_b auf der *Zentraltorse* Γ von Φ besteht. Im Abschnitt **Nr. 6** von [9] wird dann für die *Striktionslinien aller jener Strahlflächen* Ψ, die eine *Böschungstorse* B (lies: Beta) als *Zentraltorse* haben, eine einfache Erzeugungsweise entwickelt, wobei bloß die Kenntnis einer zu den Erzeugenden von Ψ geodätisch parallelen Linie l_b auf B vorausgesetzt wird. Als Illustrationsbeispiel dazu gibt der Verfasser in **Nr. 7** von [9] die *Striktionslinien* von *konstant gedrallten Strahlflächen* an, die eine *Schraubtorse* Σ mit der *Böschung* tg β = $\sqrt{3}$ als *Zentraltorse* besitzen.

Wie am Schluß von [9] angekündigt wurde, sollen nunmehr in der vorliegenden Abhandlung *sämtliche zu einer kubischen Zentraltorse* Δ [7] mit der *konstanten Böschung* tg β = $\sqrt{3}$ *gehörigen konstant gedrallten Strahlflächen* Ψ und deren *Striktionslinien* eingehend untersucht werden. Dabei stellt sich vor allem heraus, daß die zu Δ gehörigen *konstant gedrallten Strahlflächen* i. a. *transzendent* sind. Nur *in bestimmten Sonderfällen sind diese Flächen algebraisch*, insbesondere *rational*, und zwar vom *achten* bzw. *vierten* Grad. Unter den der letzteren Art befinden sich als *Sonderfälle* die ∞^1 bereits von H. Brauner in [3] beschriebenen *Flächen vierten Grades* $_c\Psi'$ mit *eigentlichen Striktionslinien fünfter Ordnung*, und dazu gehört auch die *einzige konstant gedrallte Netzfläche vierten Grades* $_k\Psi'$ [2], deren *rationale Striktionslinie* bloß von *vierter Ordnung* ist. Diese Flächenschar $_c\Psi'$ ergibt sich mittels der vom Verfasser in [9], **Nr. 6,** entwickelten Erzeugungsweise, wenn man von der *einzigen, auf* Δ *verlaufenden Geodätischen dritter Ordnung* ausgeht (siehe **Nr. 5** dieser Arbeit). Die Nützlichkeit dieser Erzeugungsweise bestätigt sich auch darin, daß sie die in [8], **Nr. 7,** angegebene Erzeugungsart der Flächen $_c\Psi'$ als Sonderfall umfaßt (**Nr. 6**). Abschließend wird nachgewiesen, daß die soeben erwähnten Braunerschen Strahlflächen die *einzigen* vom 4. *Grad* sind, die *konstanten Drall* aufweisen und eine *Böschungstorse III. Klasse* zur *Zentraltorse* haben (**Nr. 7**).

Nr. 2

Die gegen eine Grundebene Π unter $\sqrt{3} : 1$ konstant geböschte kubische Torse Δ kann nach [7], **Nr. 1,** mit Hilfe eines einfachen Bewegungsvorganges wie folgt gewonnen werden: Ein parabolischer Zylinder ζ mit zu Π normalen Erzeugenden rolle auf einem dazu kongruenten Zylinder $\zeta^°$ derart ohne zu gleiten ab, daß $\zeta^°$ und ζ stets bezüglich einer gemeinsamen Tangentialebene τ beider Zylinder symmetrisch liegen. Die in Π befindlichen Achsen der Basisparabeln $p^°$ und p von $\zeta^°$ und ζ mit dem Parameter k und den Brennpunkten $F^° = O$ und F bezeichnen wir mit $a^°$ und a, ferner die durch $a^°$ gelegte Ebene, deren Neigungswinkel β gegen Π stets konstant, und zwar $= \pi/3$ ist, mit $\eta^°$. Die zu $\eta^°$ bezüglich τ jeweils symmetrische und mit ζ starr verbundene Ebene η umhüllt sodann bei der erwähnten symmetrischen Rollung eine *Torse dritter Klasse* Δ von der *konstanten Böschung* tg $\beta = \sqrt{3}$, also eine *spezielle kubische Böschungstorse* bezüglich der Grundebene Π. Δ hat die von $\eta^°$ aus $\zeta^°$ ausgeschnittene *Parabel* $q^°$ zur *Leitkurve* und einen *Drehkegel* Δ^+ zum *Richtkegel*, dessen Erzeugenden gegen Π unter dem Winkel $\beta = \pi/3$ geneigt sind. Die *räumliche Gratlinie* g dieser Torse ist eine *kubische Böschungskurve* (*kubische Schraublinie*, vgl. dazu [11], [4]). g besitzt im Scheitel $A^°$ der Grundparabel $p^°$

ebenfalls einen Scheitel und die Parabelachse a° ist die zu A° gehörige Hauptnormale von g. Außerdem ist g bezüglich a° *achsialsymmetrisch*, was auch auf Grund obiger Erzeugungsweise von Δ einleuchtet. Jede Tangente f von g, zugleich Fallinie einer Ebene η, ist Erzeugende der Torse Δ; der Grundriß (Normalprojektion auf Π) f' von f wird nach [7], **Nr. 1,** als Normale auf den Leitstrahl O P° durch P° gewonnen, wobei P° den momentanen Berührungspunkt der Parabeln p° und p bezeichnet (vgl. dazu [7], Abb. 1). Der *Grundriß* g' *der Gratlinie* g ist daher eine *Tschirnhausenkubik,* nämlich die *Gegenfußpunktskurve* der Parabel p° für ihren Brennpunkt F° = O als Pol ([7], **Nr. 1**).

Im Hinblick auf die Ergebnisse von [9], **Nr. 6,** benötigen wir zur *Konstruktion* der *Striktionslinie* (Kehllinie) einer *konstant gedrallten Strahlfläche* Φ mit einer *Böschungstorse* B als *Zentraltorse* einzig und allein eine *zu den Erzeugenden* e *von* Φ *geodätisch parallele Geodätische* von B.

Nr. 3

Wir stellen uns zunächst die Aufgabe, die *Striktionslinien aller* mit einer $\sqrt{3}:1$ *geböschten Zentraltorse* Δ *verknüpften Strahlflächen konstanten Dralles* zu ermitteln, und untersuchen zu diesem Zweck vorerst den *Gesamtverlauf aller geodätischen Linien* von Δ. Wird die Torsenerzeugende f von Δ, welche die Gratlinie g in einem allgemein gelegenen Punkt G berührt, innerhalb der zugehörigen Tangentialebene η von Δ beliebig parallelverschoben, und läßt man dieses so entstandene Parallelstrahlbüschel $\bar{b} \parallel f$ mit η ohne Gleiten auf Δ abrollen, so überstreicht jeder Strahl $\bar{b} \parallel f$ dieses Büschels eine abwickelbare Fläche $\bar{\Lambda}_b$ mit einer Geodätischen $\bar{l}_b$ von Δ als Gratlinie. Die Erzeugenden dieser Flächen $\bar{\Lambda}_b$ bilden in ihrer Gesamtheit eine synektische Kongruenz $\bar{\mathfrak{K}}$ (vgl. [10], S. 140). Der Richtkegel $\bar{\mathfrak{K}}^+$ dieser Kongruenz $\bar{\mathfrak{K}}$ hat den Richtdrehkegel Δ^+ von Δ als Evolutenkegel ([10], S. 142, **Satz 3**) und die zur betrachteten Erzeugenden f von Δ parallele Erzeugende f$^+$ von Δ^+ ist zugleich die *Rückkehrerzeugende* von $\bar{\mathfrak{K}}^+$.

Wird insbesondere an Stelle von f die Scheitelerzeugende s° von g in A° als Ausgangslage gewählt, so stimmt diese Annahme mit der in [7], **Nr. 2,** getroffenen überein. In diesem Fall umhüllt jeder Parallelstrahl b zu s° (ausgehend von seiner Anfangslage in der Scheitelschmiegebene $\eta°$ von g) beim Abrollen von $\eta°$ auf Δ die Tangentenschar Λ_b einer speziellen geodätischen Linie l$_b$ von Δ. Jede dieser Kurven l$_b$ ist nämlich zur Hauptnormale a° im Scheitel A° von g *achsialsymmetrisch*.

Um die in [7] gewonnene Darstellung dieser Kurven l$_b$ übernehmen zu können, wählen wir jetzt ein kartesisches Koordinatensystem, das bzgl. Δ genauso liegt wie jenes in [7], **Nr. 2** bzw. [8], **Nr. 4**. Danach muß der Brennpunkt $F° = O$ von p° der Ursprung, die Achse a° von p° die x-Achse, mit der positiven Richtung von A° nach F°, und die Normale zu Π durch F° die z-Achse des Systems sein. Ferner bezeichnen wir, wie in [7] bzw. [8], den Winkel des Leitstrahles F° P° von p° gegen die x-Achse mit 2φ (siehe dazu [7], Abb. 1). Beschränken wir die Parameterwerte φ wie in [7], **Nr. 2**, noch auf das Intervall

$$\mathbf{I}\,(0 \leqq \varphi < \pi), \tag{1}$$

dann wird für alle φ aus **I** (1) die Erzeugendenschar der Torse Δ genau einmal durchlaufen. Die in [7], **Nr. 3** abgeleitete Parameterdarstellung einer zu a° *achsialsymmetrischen Geodätischen* l$_b$ von Δ lautet nun nach einer zweckmäßigen Umbenennung der auftretenden Konstanten:

$$\left.\begin{aligned} x &= \frac{k}{2}(\operatorname{ctg}^2 \varphi - 3) - b \cdot \sin\varphi \\ y &= \frac{k}{2}(3\operatorname{ctg}\varphi - \operatorname{tg}\varphi) + b \cdot \frac{\cos 2\varphi}{2\cos\varphi} \\ z &= \sqrt{3}\,k \cdot \operatorname{ctg} 2\varphi - b\frac{\sqrt{3}}{2\cos\varphi} \end{aligned}\right\}. \tag{2}$$

Gl. (2) von l$_b$ lehrt, daß die zu φ aus **I** (1) gehörigen Punkte L$_b$ erst eine Teilmenge der reellen Punkte von l$_b$ bilden, denn die zu φ und $(\pi + \varphi)$ gehörigen Punkte L$_b\,(\varphi)$ und L$_b\,(\pi + \varphi)$ von l$_b$ sind i. a. voneinander verschieden. Falls wir jedoch den Wertevorrat von **I** verdoppeln und jetzt φ das Intervall

$$\mathbf{J}\,(0 \leqq \varphi < 2\pi) \tag{3}$$

einmal vollständig durchlaufen lassen, so durchwandert der zugehörige Raumbildpunkt L$_b\,(\varphi)$ den reellen Bereich der Kurve l$_b$ ebenfalls genau einmal. Einer Erzeugenden f der Trägertorse Δ von l_b entsprechen dabei aber zwei Parameterwerte aus **J** (3), nämlich φ und $(\pi + \varphi)$. Weil nun

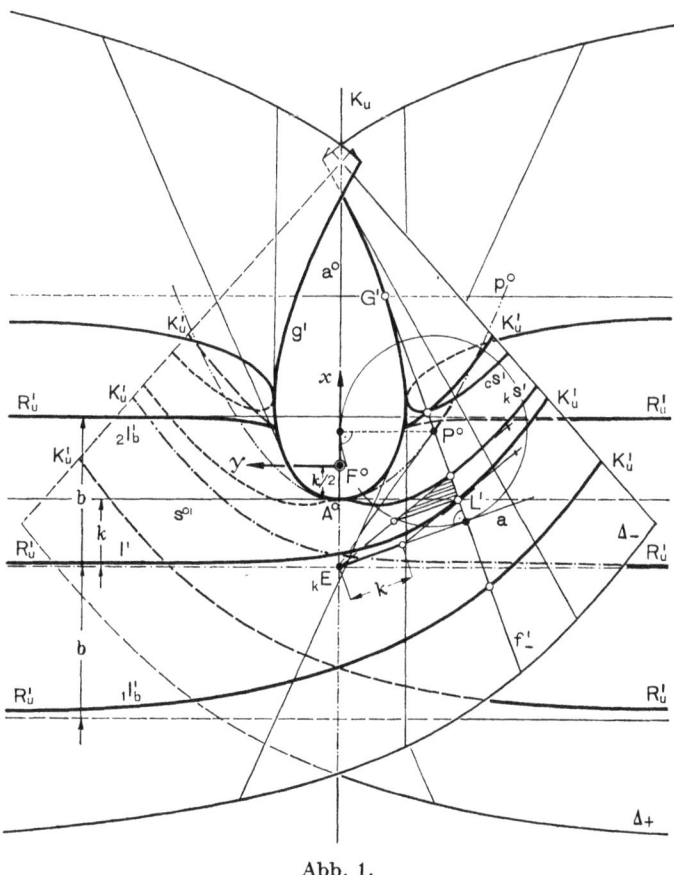

Abb. 1.

die zu φ und $(\pi + \varphi)$ gehörigen *Punkte* $L_b(\varphi)$ *und* $L_b(\pi + \varphi)$ *der Geodätischen* l_b, wie oben schon erwähnt, i. a. *zwei verschiedene Punkte* auf der *Erzeugenden* $f(\varphi) = f(\pi + \varphi)$ sind, denken wir uns die auf Δ geschlossene Geodätische l_b aus zwei reellen Zügen zusammengesetzt, nämlich aus

$_1l_b$ mit φ aus J_1 ($0 \leq \varphi < \pi$) und $_2l_b$ mit φ aus J_2 ($\pi \leq \varphi < 2\pi$). Jeder dieser Züge, sowohl $_1l_b$ als auch $_2l_b$, ist bzgl. a° orthogonalsymmetrisch (betrachte dazu Abb. 1; Normalriß auf Π). Es sind nämlich die zu den Parameterwerten $\varphi = \varphi_1$ und $\varphi = \pi - \varphi_1$ (1. Zug) sowie die zu $\varphi = \pi + \varphi_1$ und $\varphi = 2\pi - \varphi_1$ (2. Zug) gehörigen Punkte L_b von l_b stets zur Achse a° symmetrisch.

Wenn wir jetzt auf die Koordinaten von l_b, Gl. (2), die Parametertransformation

$$\operatorname{tg} \varphi/2 = t \tag{4}$$

ausüben und anschließend noch gemäß $x = x_1:x_0$, $y = x_2:x_0$, $z = x_3:x_0$ zu homogenen Koordinaten übergehen, dann bekommen wir *für* l_b folgende *rationale Parameterdarstellung* in t:

$$\begin{aligned}
x_0 : x_1 : x_2 : x_3 = {}& t^2(1-t^2)(1+t^2) \\
: {}& \frac{k}{8}(1 - 14t^2 + t^4)(1-t^2)(1+t^2) - 2bt^3(1-t^2) \\
: {}& \frac{k}{4}(3 - 10t^2 + 3t^4)(1+t^2)t + \frac{b}{2}t^2(1 - 6t^2 + t^4) \\
: {}& \frac{\sqrt{3}\,k}{4}(1 - 6t^2 + t^4)(1+t^2)t - \frac{\sqrt{3}\,b}{2}t^2(1+t^2)^2
\end{aligned} \tag{5}$$

Gl. (5) ist wegen Gl. (3) und Gl. (4) im Intervall

$$J_t(-\infty \leq t < +\infty) \tag{6}$$

definiert, wobei $L_b(-\infty) = L_b(+\infty)$. Auf Grund dieser Gl. (5) sind die *Geodätischen* l_b i. a. *Kurven* von *8. Ordnung*[1].

Die insgesamt *acht Fernpunkte* von l_b ergeben sich nach Gl. (5) für $t^2 = 0$, $1/t^2 = 0$, $t^2 = 1$ und $t^2 = -1$; sie liegen sowohl *auf der Fernkurve der Trägertorse* Δ von l_b [die aus dem *Fernrichtkreis* d_u des Richt-

---

[1] In [7], S. 43, steht zufolge einer Verwechslung irrtümlich für diese Kurven l_b, $b \neq 0$, „*transzendent*" anstatt „*von höherer jedoch höchstens achter Ordnung*".

kegels Δ⁺ von Δ (siehe [7], Gl. 2)

$$\left.\begin{aligned} x &= -\frac{w}{2}\sin 2\varphi \\ y &= \frac{w}{2}\cos 2\varphi \\ z &= -\frac{\sqrt{3}\,w}{2} \end{aligned}\right\} \quad (7)$$

und aus der *zweifach zu zählenden Fernerzeugenden* f_u von Δ besteht] als auch auf der *Fernkurve* g_u der *Tangentenfläche* Λ_b von l_b. Diese Kurve g_u wurde in der Literatur schon mehrfach betrachtet, in jüngster Zeit ([4], [5], [1], [2], [3]) vor allem als Fernkurve jenes Kegels $\mathfrak{K}^+$ (siehe [7], Gl. 4)

$$\left.\begin{aligned} x &= w\cdot\left(\operatorname{ctg}\varphi\cdot\cos 2\varphi + \frac{1}{2}\sin 2\varphi\right) \\ y &= w\cdot\left(\operatorname{ctg}\varphi\cdot\sin 2\varphi - \frac{1}{2}\cos 2\varphi\right) \\ z &= \frac{\sqrt{3}\,w}{2} \end{aligned}\right\}, \quad (8)$$

der den Drehkegel Δ⁺ vom Öffnungswinkel π/3 als Evolutenkegel hat. g_u ist eine *gespitzte Kurve 3. Ordnung*, die bzgl. ihres *einzigen reellen Wendepunktes projektiv symmetrisch* liegt und den *absoluten Kegelschnitt doppelt oskuliert* (siehe z. B. [1]).

Jeder der beiden Züge von l_b geht wegen Gl. (5) einmal durch den Fernpunkt R_u (0:0:1:$\sqrt{3}$), und zwar der eine Zug, $_1l_b$ ($0 \leq t < +\infty$), für $t = +1$, hingegen der andere, $_2l_b$ ($-\infty \leq t < 0$), für $t = -1$ (siehe auch Gl. 4). R_u ist sowohl Fernpunkt der Scheiteltangente s° von g als auch Fernpunkt der Rückkehrerzeugenden s^+ des Richtkegels $\mathfrak{K}^+$ (der Tangentenflächen Λ_b von l_b) und ist deshalb identisch mit der auf d_u gelegenen Spitze (Rückkehrpunkt) von g_u.

Ein weiterer jedoch *vierfach zu zählender Fernpunkt* von l_b fällt in den Schnittpunkt K_u (0:1:0:0) der Fernerzeugenden f_u von Δ mit g_u. Dieser Fernpunkt K_u von l_b zählt nämlich zweimal für $t = 0$ ($t^2 = 0$)

und zweimal für $t = +\infty$ bzw. $t = -\infty$ ($1/t^2 = 0$). K_u auf f_u ist der bzgl. des absoluten Kegelschnittes konjugierte Punkt zum Fernpunkt G_u der Gratlinie g von Δ und gehört deshalb nicht dem Fernrichtkreis d_u von Δ an. In G_u liegt nämlich der Berührungspunkt von f_u mit g (Gratpunkt von Δ), und als Oskulationspunkt von g mit der Fernebene ω gehört G_u dem Fernrichtkreis d_u der Torse Δ an.

Die zwei restlichen der insgesamt acht Fernpunkte von l_b sind mit den *absoluten Kreispunkten* I_1, I_2 $(0: \pm i : 1 : 0)$ der xy-Ebene identisch; I_1, I_2 sind zugleich die Fernpunkte der isotropen Erzeugenden von Δ.

Mit Hilfe der nach t abgeleiteten Koordinaten von l_b, Gl. (5),

$$\left.\begin{aligned}\dot{x}_0 : \dot{x}_1 : \dot{x}_2 : \dot{x}_3 &= 2t(1-3t^4): \\ &: -\frac{k}{2}(7-t^2)(1-t^4)t - \frac{k}{2}(1-14t^2+t^4)t^3 - 2b(3-5t^2)t^2 \\ &: -k(5-3t^2)(1+t^2)t^2 + \frac{k}{4}(3-10t^2+3t^4)(1+3t^2) + bt(1-12t^2+3t^4) \\ &: -\sqrt{3}\,k(3-t^2)(1+t^2)t^2 + \frac{\sqrt{3}}{4}k(1-6t^2+t^4)(1+3t^2) - \sqrt{3}\,bt(1+4t^2+3t^4)\end{aligned}\right\} \quad (9)$$

stellt man leicht fest, daß l_b die Ferngerade t_u des Ebenenbüschels

$$x_2 - \sqrt{3}\,x_3 = \text{konstant} \tag{10}$$

als zweifach zu zählende Tangente besitzt (für $t = 0$ und $t = +\infty$ bzw. $t = -\infty$). Diese Gerade t_u, Gl. (10) mit $x_0 = 0$, ist zugleich die (zu K_u gehörige) Wendetangente der den Tangentenflächen Λ_b aller Geodätischen l_b gemeinsamen Fernkurve g_u.

Die zu dem von l_b zweimal durchlaufenen Punkt K_u gehörigen Schmiegebenen σ_1 und σ_2 sind natürlich Ebenen des Büschels, (Gl. 10), daher zu a° parallel, und zwar mit dem Normalabstand b. Ihre Gleichungen lauten:

$$\sigma_1 \ldots x_2 - \sqrt{3}\,x_3 = 2bx_0 \tag{11a}$$

$$\sigma_2 \ldots x_2 - \sqrt{3}\,x_3 = -2bx_0. \tag{11b}$$

Wir schließen daraus, daß die *beiden Züge* $_1l_b$ und $_2l_b$ von l_b in K_u *kreuzweise* miteinander verheftet sind, daß also das Ende von $_1l_b$ ($t = +\infty$)

mit dem Anfang von $_2l_b$ ($t = -\infty$) sowie das Ende von $_2l_b$ ($t = {_-}0$) mit dem Anfang von $_1l_b$ ($t = {_+}0$) zusammenfällt (vgl. dazu Abb. 1).

Ähnlich wie in K_u verhält sich die Geodätische l_b im Fernpunkt R_u der Scheiteltangente $s°$ von g. Die Schmiegebenen ρ_1 und ρ_2 gehören in diesem Fall dem zur Scheitelschmiegebene $\eta°$ von g normalen Parallelebenenbüschel mit der Spitzentangente r_u der Spitze R_u von g_u als Träger an. r_u trifft die z-Achse in deren Fernpunkt Z_u (dem Mittelpunkt des Fernrichtkreises d_u von Δ). Daraus folgt, daß die Ebenen ρ_1 und ρ_2 zur z-Achse und außerdem zur Scheiteltangente $s°$ von g parallel sein müssen. Mit Gl. (9) findet man zuerst die beiden zu $s°$ parallel liegenden Asymptoten, welche die Parabelachse $a°$ treffen, und damit gleich auch die zwei zu Π normalen Schmiegebenen, nämlich die Schmiegebene

$$\rho_1 \ldots x_1 + (3k/2 + b)\,x_0 = 0 \qquad (12\,\mathrm{a})$$

für den Kurvenzug $_1l_b$ in R_u (für $t = +1$) und

$$\rho_2 \ldots x_1 + (3k/2 - b)\,x_0 = 0 \qquad (12\,\mathrm{b})$$

für den Kurvenzug $_2l_b$ im selben Punkt R_u (jedoch für $t = -1$) (vgl. Abb. 1).

Läßt man die Konstante b in Gl. (2) bzw. Gl. (5) gegen Null streben, so rücken die beiden Schnittpunkte $L_b(\varphi)$ und $L_b(\pi + \varphi)$ — bzw. $L_b(t)$ und $L_b(-1/t)$ — auf der Torsenerzeugenden $\mathfrak{f}$ von Δ gegen den Halbierungspunkt $L(\varphi) = L(\pi + \varphi)$ — bzw. $L(t) = L(-1/t)$ — der Verbindungsstrecke. Die beiden Kurvzüge $_1l_b$ und $_2l_b$ von l_b vereinigen sich daher für $b \to 0$ in einer *ausgezeichneten Geodätischen* l. Die Parameterdarstellung Gl. (2) beschreibt daher für $b = 0$ die auf Δ *geschlossene Kurve* l bereits im Intervall I (1) vollständig, und l ist genauso wie l_b bezüglich $a°$ achsialsymmetrisch. Übt man noch auf Gl. (2), mit $b = 0$, die Transformation

$$\operatorname{tg}\varphi = s \text{ mit } (-\infty \leq s < +\infty) \qquad (13)$$

bzw. auf Gl. (5), mit $b = 0$, die Transformation

$$t = -\frac{1 + \sqrt{1 + s^2}}{s} \qquad (14)$$

aus, dann lauten die homogenen Koordinaten von I:

$$x_0 : x_1 : x_2 : x_3 = 2s^2 : k(1-3s^2) : k(3-s^2)s : \sqrt{3}\,k(1-s^2)s. \quad (15)$$

Daß diese in der vorliegenden *Schar algebraischer Geodätischer* I_b (8. Ordnung) *als Sonderfall enthaltene Kurve* I nur von 3. *Ordnung* ist, kann auch dadurch erklärt werden, daß beim Zusammenrücken der in den beiden Punkten R_u und K_u überkreuzten Züge $_1\mathsf{I}_b$ und $_2\mathsf{I}_b$ von I_b gegen die Grenzlage $\mathsf{I} = \lim_{b \to 0} \mathsf{I}_b$ die beiden *isotropen Erzeugenden* von Δ (für $t^2 = -1$) als selbständige lineare Bestandteile (einfach gezählt) abgespalten werden. Wie man u. a. mit Gl. (15) leicht nachprüft, ist I eine kubische parabolische Hyperbel. Die zu ihrem einfachen Fernpunkt R_u $(0:0:1:\sqrt{3})$ gehörige Asymptote (vgl. Abb. 1) ist die Schnittgerade der Ebenen

$$\eta^\circ \ldots \sqrt{3}\,x_2 - x_3 = 0, \quad \rho_{12} \ldots x_1 + \frac{3k}{2} x_0 = 0. \quad (16)$$

Innerhalb der einparametrigen Schar von algebraischen Geodätischen I_b von Δ, Gl. (5), gibt es außer der soeben erwähnten speziellen Geodätischen 3. Ordnung I noch eine, deren Ordnung *niedriger* ist als *acht*. Wählt man nämlich in Gl. (5) den Scharparameter $b = k$, so berührt der Zug $_2\mathsf{I}_k$ ($-\infty \leq t < 0$) dieser *zu* I *im „Abstand k" geodätisch parallelen Linie* I_k die Scheitelerzeugende s° von Δ im Scheitel A° $(1:-k/2:0:0)$ von g (für $t = -1$). Dabei spaltet sich nun die Torsenerzeugende s° als linearer Bestandteil (einfach gezählt) von der Gesamtgeodätischen ab. Die Parameterdarstellung der Kurve I_k

$$\left.\begin{aligned}x_0 : x_1 : x_2 : x_3 &= t^2(1+t^2)(1-t) \\ &: \frac{k}{8}(1-14t^2+t^4)(1+t^2)(1-t) - 2kt^3(1-t) \\ &: \frac{k}{4}(1+t)t\,[3(1-t)^2(1+t^2)+6t(1-t)^2-4t(1-t+t^2)] \\ &: \frac{\sqrt{3}}{4}k(1+t)(1+t^2)t(1-4t+t^2)\end{aligned}\right\} \quad (17)$$

weist dementsprechend nur mehr die *Ordnung sieben* auf. Der Zug $_2\mathsf{I}_k$ von I_k hat in A° *wegen der achsialen Symmetrie* bzgl. a° einen *Scheitel* und *berührt* deshalb die zur Ebene η° (Scheitelschmiegebene von g in A°) normal stehende *Schmiegebene* ρ_2 von l_k

$$x_1 + \frac{k}{2} x_0 = 0 \tag{18}$$

für $t = -1$ *vierpunktig*.

Nr. 4

Um den Verlauf einer allgemeinen Geodätischen $\overline{l_b}$ von Δ (sowohl analytisch als auch konstruktiv) verfolgen zu können, brauchen wir uns nicht mehr auf das die Kurve $\overline{l_b}$ enthaltende Richtungsfeld auf Δ zu stützen (vgl. dazu den Beginn von **Nr. 3**). Dadurch nämlich, daß wir jetzt imstande sind, die Torse Δ ausgehend von der Geodätischen l zu verebnen ([7], **Nr. 4**), ist es auf bedeutend einfachere Weise möglich, eine allgemeine Geodätische $\overline{l_b}$ der Torse Δ zu finden. Und zwar werden wir beim Aufwickeln der verebneten Torse Δ^v auf ihre Trägertorse Δ eine in Δ^v verlaufende verebnete allgemeine Geodätische $\overline{l_b}^v$ — also eine zur verebneten Torsenerzeugenden f^v parallele gerade Linie — mitnehmen und dann den Verlauf der auf Δ aufgewickelten geraden Linie, ausgehend von der speziellen Geodätischen l (Leitkurve), beschreiben.

Wir denken uns zuerst die Torse Δ längs ihrer Fernerzeugenden f_u aufgeschnitten und mitsamt ihrer in K_u durchschnittenen Geodätischen l (3. Ordnung, Gl. 15), welche die Torsenerzeugende f nur einmal überschneidet, in die zum Scheitel $A°$ von g gehörige Schmiegebene $\eta°$ verebnet; dabei sollen $A°$ und die Berührungserzeugende $s°$ von $\eta°$ mit Δ festgehalten bleiben.

Um nun die Schar der mit Δ verebneten Erzeugenden $\Delta^v(f^v)$ in der Ebene $\eta°$ festlegen zu können, verwenden wir das in [7], **Nr. 4**, angegebene Verfahren. Darnach berechnet man den längs l gemessenen Bogen zwischen den Spurpunkten $L(\varphi_0)$ und $L(\varphi)$ zweier Erzeugenden $f(\varphi_0)$ und $f(\varphi)$ auf l mit:

$$L_0 L = u(\varphi) = k \int_{\varphi_0}^{\varphi} \frac{d\varphi}{\sin^3\varphi \cos^2\varphi} = k \left(-\frac{\cos\varphi}{2\sin^2\varphi} + \frac{1}{\cos\varphi} + \frac{3}{2} \ln\left|\operatorname{tg}\frac{\varphi}{2}\right| \right) \Big|_{\varphi_0}^{\varphi}. \tag{19}$$

Der Integrand von Gl. (19) hat für die beiden Parameterwerte $\varphi = 0$

und $\varphi = \pi/2$ im Intervall **I** (1) je eine Unendlichkeitsstelle. Daher beschränken wir unsere Untersuchungen der verebneten Torse Δ^v vorläufig auf ein Teilintervall, etwa auf

$$\mathbf{T}\,(\pi/6 \leqq \varphi \leqq 5\pi/12). \tag{20}$$

Weiters muß noch der jeweilige Schnittwinkel, unter dem eine Torsenerzeugende $f(\varphi)$ die Geodätische **l** im zugehörigen Spurpunkt $L(\varphi)$ trifft, angegeben werden. Dieser Winkel, wir bezeichnen ihn mit ψ, wird auf der Seite der positiven Flächennormalen von Δ derart im positiven Drehsinn gemessen, daß er zusammen mit der positiven Flächennormale von Δ eine Rechtsschraubung bestimmt. Die Orientierung der positiven Flächennormale stimmt mit dem vom Durchlaufsinn der Gratlinie **g** abhängigen Sinn des Binormalenvektors von **g** überein (siehe [9], **Nr. 2**). Diese Festlegung ist für spätere Überlegungen in **Nr. 5** wichtig.

In [7], **Nr. 2**, wurde der Winkel ψ ebenfalls verwendet und von $f(\varphi)$ aus gemessen, hingegen in [9], **Nr. 2**, aus methodischen Gründen der zu ψ supplementäre Winkel $\lambda = (\pi - \psi)$. (λ mißt den Schnittwinkel $\sphericalangle$ **l f** wohl im gleichen Sinn wie ψ, jedoch von der Tangente der Geodätischen **l** in L aus.) In unserem Fall, wo der Neigungswinkel der Böschungstorse Δ den Wert $\pi/3$ aufweist, ist ψ nach [7], Gl. (3), in einfacher Weise von φ abhängig, und zwar gilt:

$$\psi = \pi/2 - \varphi. \tag{21}$$

Diese Beziehung (21) läßt eine überraschende geometrische Bedeutung von φ erkennen (siehe Abb. 2 sowie später **Nr. 6**).

Wir wählen jetzt innerhalb der verebneten Torse Δ^v den auf der verebneten Geodätischen l^v gelegenen Punkt $L^v(\varphi_0) = L_0^v$, mit φ_0 aus **T** (20), als Ursprung eines rechtsorientierten kartesischen Koordinatensystems (siehe Abb. 2), dessen positive x-Achse in l^v liegt und in die Richtung wachsender Werte von φ weist. Dann ist der Abstand von L_0^v bis zum Schnittpunkt L^v einer anderen verebneten Torsenerzeugenden f^v mit l^v durch den zwischen L_0 und L längs der räumlichen Kurve **l** gemessenen Bogen $u(\varphi)$, Gl. (19), gegeben. Zieht man dann durch $L^v(\varphi)$ eine Gerade $f^v(\varphi)$, so daß der von $f^v(\varphi)$ aus im positiven Drehsinn gegen l^v gemessene

Winkel jeweils $\psi = \pi/2 - \varphi$ (siehe Gl. 21) beträgt, so ist damit die zum Parameterwert φ gehörige verebnete Erzeugende f^v der Schar $\Delta^v(f^v)$ gefunden. Auf diese Weise kann jede Erzeugende f^v der Schar $\Delta^v(f^v)$ für das Parameterintervall T (20) angegeben werden. Eine vom Para-

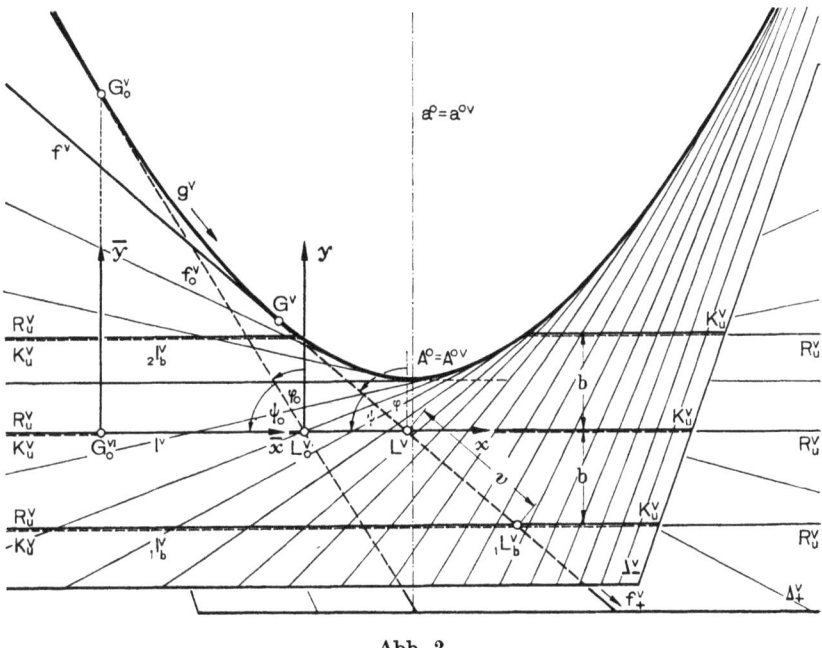

Abb. 2.

meterwinkel φ und einem weiteren Parameter v abhängige Darstellung für $\Delta^v(f^v)$ sieht dann so aus:

$$x = k\left(-\frac{\cos\varphi}{2\sin^2\varphi} + \frac{1}{\cos\varphi} + \frac{3}{2}\ln\left|\operatorname{tg}\frac{\varphi}{2}\right|\right)\Big|_{\varphi_0}^{\varphi} + v\cdot\sin\varphi$$
$$y = \qquad\qquad\qquad\qquad\qquad\qquad\qquad\qquad -v\cdot\cos\varphi \tag{22}$$

Wie man leicht nachprüft, stimmt die Orientierung des Richtungsvektors $(\sin\varphi, -\cos\varphi)$, mit der Länge *eins*, von $f^v(\varphi)$, Gl. (22), mit jener des Einheitsvektors auf der entsprechenden Torsenerzeugenden f von Δ im Raum (vgl. Gl. 7 mit $w = 1$ bzw. Gl. 2 mit $k = 0$ und $b = \cos\varphi$)

überein. Die längs f^v von L^v aus gemessene Strecke v (siehe Gl. 22) ist daher hinsichtlich ihrer Länge und ihres Vorzeichens gleich der auf der entsprechenden räumlichen Torsenerzeugenden f vom Punkt $L(\varphi)$ aus abgetragenen Strecke w (siehe Gl. 7).

Die *Einhüllende* dieser *Erzeugendenschar* (22), die *verebnete Gratlinie* g^v von Δ, hat ebenfalls eine einfache Parameterdarstellung, wenn man das oben festgelegte Koordinatensystem in x-Richtung durch die Subtangentenstrecke $G_0^{v\prime} L_0^v = -\dfrac{k}{\sin^2 \varphi_0 \cdot \cos \varphi_0}$ der Tangente f_0^v von g^v im Gratpunkt G_0^v so parallelverschiebt, daß $G_0^{v\prime}$ der Ursprung des $\bar{x}\,\bar{y}$-Systems wird (siehe Abb. 2). Für g^v kann in diesem Fall im wesentlichen Gl. (21) von [7] übernommen werden, so daß gilt:

$$\left. \begin{aligned} \bar{x} &= \frac{3}{2} k \left(-\frac{\cos \varphi}{\sin^2 \varphi} + \ln \left| \operatorname{tg} \frac{\varphi}{2} \right| \right) \Big|_{\varphi_0}^{\varphi} \\ \bar{y} &= y = \frac{k}{\sin^3 \varphi} \end{aligned} \right\} . \quad (23)$$

In [7] wird darüber hinaus, ausgehend von Gl. (23), ein konstruktives Verfahren abgeleitet, nach welchem g^v punkt- und tangentenweise mit Hilfe einer Kettenlinie gezeichnet werden kann (vgl. dazu Abb. 4 sowie [7], Abb. 3); alle Punkte $G^v(\varphi)$ von g^v samt Tangente $f^v(\varphi)$ sind nämlich für φ aus $(0 < \varphi < \pi)$ nach Gl. (23) in eindeutiger Weise festgelegt, so daß φ in Gl. (23) für g^v auf dem Intervall $(0 < \varphi < \pi)$ ein zulässiger Parameter ist. Faßt man also die Schar der verebneten Erzeugenden $\Delta^v(f^v)$ der Torse Δ entgegen der obigen Annahme als Tangentenschar von g^v, Gl. (23), auf, so können alle Erzeugenden f^v von Δ^v mit alleiniger Ausnahme der zu $\varphi = 0$ gehörigen verebneten Fernerzeugenden f_u^v in der Verebnung eingetragen werden. Das vorläufig gewählte Intervall T (20) kann deshalb bei Bedarf nachträglich auf das offene Intervall $(0 < \varphi < \pi)$ erweitert werden.

Wir denken uns jetzt g^v im Sinne wachsender Parameterwerte von φ positiv orientiert und jede Tangente f^v von g^v durch ihren Berührungspunkt G^v mit g^v in zwei entgegengesetzt orientierte Halbstrahlen zerlegt. Dann weisen der positive Halbstrahl f_+^v von f^v, dessen Orientierung im Berührungspunkt G^v mit der von g^v übereinstimmen soll (siehe Abb. 2), und der Richtungsvektor (sin φ, — cos φ) von f^v, Gl. (22), in die gleiche Richtung. Beim Durchlaufen der Tangentenschar $\Delta^v(f^v)$ von g^v überstreicht jeder der beiden Halbstrahlen einen der verebneten Torsenmäntel von Δ, so daß Δ^v *zweiblättrig* ausgebildet ist. Falls wir beim Verebnungsvorgang die positiven Flächennormalen von Δ mitnehmen, wird nur ein Blatt der zweiblättrigen verebneten Torse Δ^v die mitgenommenen positiven Flächennormalen dem Beschauer zuwenden, während das andere Blatt von der entgegengesetzten Seite betrachtet wird. Die mit Δ verebnete *ausgezeichnete Geodätische 3. Ordnung* I ist dementsprechend in der *Verebnung* eine *zweifach überdeckte Gerade* I^v, welche zu der in η° liegenden Hauptnormale $a^\circ = a^{\circ v}$ im Scheitel $A^\circ = A^{\circ v}$ von g^v senkrecht steht (siehe Abb. 2). Eine *Geodätische* I_b, Gl. (5), die wir der Übersicht halber aus zwei Zügen $_1I_b$ und $_2I_b$ zusammengesetzt hatten, wird durch das Aufschneiden der Torse Δ längs ihrer Fernerzeugenden f_u — ebenso wie I — auseinandergeschnitten, und zwar werden jetzt die beiden kreuzweise in K_u verbundenen Züge $_1I_b$ und $_2I_b$ tatsächlich durch die zwei Schnitte bei $t^2 = 0$ und $1/t^2 = 0$ voneinander getrennt. Beim Verebnen von Δ wickelt sich I_b ($_1I_b$, $_2I_b$) dann auf *zwei doppelt überdeckte*, zu I^v *parallele Geraden* $_1I_b{}^v$ und $_2I_b{}^v$ mit dem Normalabstand $2b$ ab, wobei $_1I_b{}^v$ wegen der auf f^v festgelegten Orientierung (siehe oben) und wegen

$$v(\varphi) = \overline{L^v L_b^v} = \frac{b}{\cos \varphi} \qquad (24)$$

(vgl. dazu Abb. 2) auf dem negativen Ufer der x-Achse ($= I^v$) liegt, während $_2I_b{}^v$ demzufolge dem positiven Ufer von x angehört.

Eine beliebige Gerade $\bar{I}^v$ durch einen Punkt P^v von Δ^v dürfen wir in einer gewissen Umgebung dieses Punktes P^v stets als eine mit Δ verebnete Geodätische $\bar{I}$ durch den P^v entsprechenden Punkt P von Δ auffassen. Sämtliche Geraden $\bar{I}^v$ durch den Punkt $L_0{}^v$ von I^v mit φ_0 aus T (20) bilden dann in einem gewissen Teilbereich der verebneten Torse Δ^v ein Strahlbüschel mit dem Scheitel $L_0{}^v$ (siehe Abb. 3); diesem Strahlbüschel entspricht auf Δ die Gesamtheit der Geodätischen $\bar{I}$ durch den

Punkt L_0. Dabei kann der *Winkel* ϑ zwischen l und $\bar{l}$ (bzw. l^v und $\bar{l}^v \parallel f^v$) — der stets im oben erklärten *positiven Drehsinn* gemessen wird — jeden Wert zwischen 0 und π annehmen.

Wenn andererseits ϑ festgehalten wird, und $L_b(\varphi_0)$ ($= L_0{}^v$ für $b = 0$) alle Punkte von $f^v(\varphi_0)$ durchläuft, so erfüllen die Geraden $\bar{l}_b{}^v$

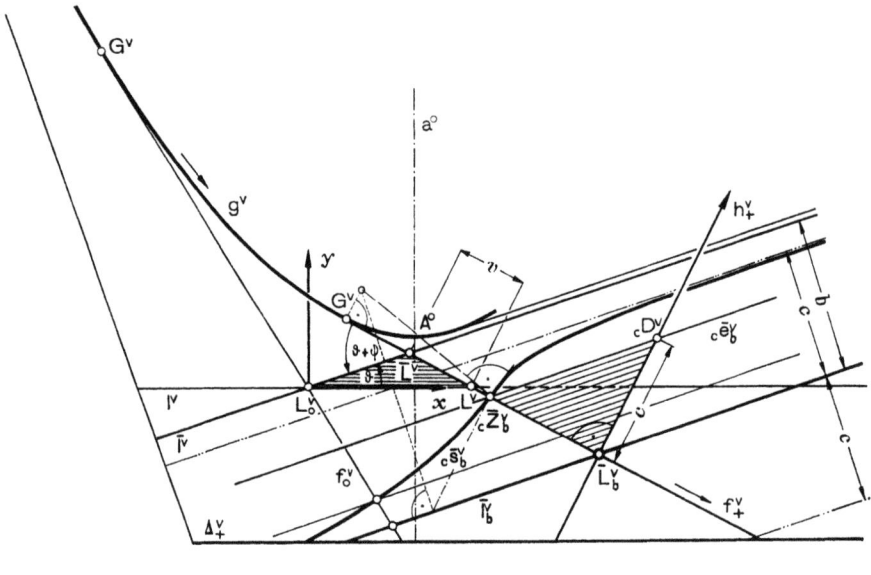

Abb. 3.

durch die Punkte $L_b(\varphi_0)$ ein Parallelstrahlbüschel, welchem auf Δ eine einparametrige Schar von geodätisch parallelen Linien $\bar{l}_b$ entspricht.

Durch Kombination der soeben angeführten Möglichkeiten können wir jede beliebige Geodätische $\bar{l}_b$ von Δ, die $f(\varphi_0)$ in einem bestimmten Punkt $L_b(\varphi_0)$ überschneidet, nach dem Verebnen von Δ in einer gewissen Umgebung der verebneten Erzeugenden $f^v(\varphi_0)$ als gerade Linie $\bar{l}_b{}^v$ eintragen und umgekehrt.

Für das Folgende setzen wir voraus, daß das untere Blatt $\Delta_+{}^v$ von Δ^v vom positiven Halbstrahl $f_+{}^v$ von f^v überstrichen werde (vgl. Abb. 3). Dann sind die positiven Flächennormalen dieses Blattes $\Delta_+{}^v$

dem Beschauer zugewandt (vgl. dazu auch Abb. 2) und die Winkel ψ und ϑ können im positiven Drehsinn gemessen werden. Man beachte in Abb. 3 und Abb. 4 abermals, daß das obere Blatt Δ_{-}^{v} von Δ^{v}, also das vom negativen Halbstrahl f_{-}^{v} von f^{v} überstrichene, von der Seite der negativen Flächennormalen gesehen wird.

Wir fassen nun zuerst eine verebnete Geodätische $\overline{l}^{v}$ von Δ^{v} ins Auge, welche l^{v} in L_{0}^{v} unter dem von Null verschiedenen Winkel ϑ trifft. [L_{0}^{v} mit φ_0 aus **T** (20) liegt dabei auf dem unteren Blatt Δ_{+}^{v} von Δ^{v}.] $\overline{l}^{v}$ überschneidet eine bestimmte verebnete Erzeugende $f^{v}(\varphi) \neq f^{v}(\varphi_0)$ in einem Punkt $\overline{L}^{v}(\varphi)$ (siehe Abb. 3), dessen Abstand von dem auf $f^{v}(\varphi)$ gelegenen Punkt $L^{v}(\varphi)$ der verebneten Geodätischen l^{v} eine von φ abhängige Größe $v(\varphi)$ ist. Die Strecke $v(\varphi)$ ist eine Seite des von den Geraden l^{v}, $\overline{l}^{v}$ und $f^{v}(\varphi)$ begrenzten Dreiecks (siehe Abb. 3); sie liegt dem Winkel ϑ gegenüber und kann daher ohne weiteres berechnet werden. Wegen Gl. (21) und der durch Gl. (22) im Intervall **T** (20) auf f^{v} festgelegten Orientierung ($G^{v} \to L^{v}$) gilt schließlich:

$$\mathsf{L}^{v}\overline{\mathsf{L}}^{v} = \mathsf{L}\overline{\mathsf{L}} = v(\varphi) = -u(\varphi)\Big|_{\varphi_0}^{\varphi} \cdot \frac{\sin\vartheta}{\sin(\psi+\vartheta)} = -u(\varphi)\Big|_{\varphi_0}^{\varphi} \cdot \frac{\sin\vartheta}{\cos(\varphi-\vartheta)}. \quad (25)$$

Eine zu $\overline{l}^{v}$ parallele verebnete Geodätische $\overline{l}_{b}^{v}$ mit dem Normalabstand b von $\overline{l}^{v}$ überschneidet $f^{v}(\varphi)$ in einem Punkt $\overline{L}_{b}^{v}$, dessen Abstand von $L^{v}(\varphi)$

$$\mathsf{L}^{v}\overline{\mathsf{L}}_{b}^{v} = \mathsf{L}\overline{\mathsf{L}}_{b} = v(\varphi) = -u(\varphi)\Big|_{\varphi_0}^{\varphi} \cdot \frac{\sin\vartheta}{\cos(\varphi-\vartheta)} + \frac{b}{\cos(\varphi-\vartheta)} \quad (26)$$

nun sofort aus Abb. 3 abgelesen werden kann.

Wickelt man jetzt Δ^{v} mitsamt der verebneten Geodätischen $\overline{l}_{b}^{v}$ wiederum auf die räumliche Torse Δ auf, so rollt $\overline{l}_{b}^{v}$ auf einer Geodätischen $\overline{l}_{b}$ von Δ ab. Der Ortsvektor von $\overline{l}_{b}$ im betrachteten Intervall **T** (20) ist dabei die Summe aus dem Ortsvektor der Ausgangsgeodätischen l (3. Ordnung, siehe Gl. 2 für $b = 0$) und aus dem mit der Parameterfunktion $v(\varphi)$, Gl. (26), multiplizierten Einheitsvektor der Torsenerzeugenden f(φ) von Δ gemäß Gl. (7) mit $w=1$. Übt man anschließend, allenfalls nach einer zulässigen Erweiterung des Intervalls T, auf die Koordinaten des Ortsvektors von $\bar{l}_b$ die Parametertransformation (4) aus, und geht man dann noch zu homogenen Koordinaten über, so erhält man für $\bar{l}_b$ eine Darstellung, in der mit Rücksicht auf **Nr. 5**, Gl. (33), der Faktor $(1+t^2)$ nicht weggekürzt erscheint:

$$\left.\begin{aligned}x_0:x_1:x_2:x_3 &= t^2(1-t^2)(1+t^2)^2 P(t)\\ &:\frac{k}{8}(1-14t^2+t^4)(1-t^2)(1+t^2)^2 P(t)-2V(t)(1-t^2)t\\ &:\frac{k}{4}(3-10t^2+3t^4)(1+t^2)^2 t P(t)+\frac{1}{2}V(t)(1-6t^2+t^4)\\ &:\frac{\sqrt{3}k}{4}(1-6t^2+t^4)(1+t^2)^2 t P(t)-\frac{\sqrt{3}}{2}V(t)(1+t^2)^2\end{aligned}\right\}, \quad (27)$$

wobei
$$V(t) = [-\sin\vartheta \cdot Q(t, \ln t) + b t^2(1-t^2)] \cdot (1+t^2) \quad (28)$$

gilt und die Symbole $P(t)$, $Q(t, \ln t)$ für folgende Funktionen stehen:

$$P(t) = \cos\vartheta \cdot (1-t^2) + 2t\cdot\sin\vartheta \quad (29\text{a})$$

$$Q(t, \ln t) = k\left[\frac{3}{2}t^2(1-t^2)\ln t - \frac{1}{8}(1+t^2)(1-10t^2+t^4)\right]\Big|_{t_0}^{t}. \quad (29\text{b})$$

Wird $\sin\vartheta \neq 0$ vorausgesetzt, so stellt Gl. (27 mit 28, 29) eine *transzendente* Raumkurve $\bar{l}_b$ auf der rationalen Trägertorse Δ dar.

Nur wenn $\sin\vartheta = 0$ ist (also $\vartheta = 0$ bzw. $=\pi$), beschreibt Gl. (27 mit 28, 29) eine *algebraische Geodätische* l_b, deren rationale Darstellung mit Gl. (5) schon bekannt ist. Diese Tatsache läßt den Schluß zu, daß die *in der Schar* l_b, Gl. (5), *enthaltene Geodätische 3. Ordnung* l unter den Geodätischen von Δ diejenige mit der *niedrigsten Ordnung* und wegen **Nr. 3** zugleich die *einzige* dieser Art ist.

Nr. 5

In einfacher Weise finden wir nun, ausgehend von einer allgemeinen Geodätischen $\bar{l}_b$ von Δ, Gl. (27 mit 28, 29), die Striktionslinie einer konstant gedrallten Strahlfläche $\overline{\Psi}$, deren Erzeugenden zu den Tangenten von $\bar{l}_b$ parallel sind und deren Zentraltorse Δ ist. Und zwar konstruiert man nach [9], **Nr. 6,** zuerst wiederum die verebnete Striktionslinie von $\overline{\Psi}$ in Δ^v. Das geschieht auf folgende Weise: Man betrachtet die verebnete Torse Δ^v von der Seite der positiven Flächennormalen — (also z. B. das untere Blatt Δ_+^v von Δ^v im Bereich **T**) — und denkt sich eine verebnete Erzeugende $f^v(\varphi)$ von Δ^v als Schenkel eines Rechtwinkelhakens (siehe Abb. 3), dessen Scheitel mit dem Spurpunkt L_b^v von $f^v(\varphi)$ auf der verebneten Geodätischen $\bar{l}_b^v$ ($\bar{l}_b$ = Leitgeodätische) zusammenfällt. Dem noch freien Schenkel $h^v(\varphi)$ durch $\overline{L_b^v}(\varphi)$ dieses rechten Winkels entspricht im Raum eine Gerade $h(\varphi)$ in der Torsentangentialebene $\eta(\varphi)$ von $f(\varphi)$, welche als Normale zur Fallinie $f(\varphi)$ von $\eta(\varphi)$ stets zur *Grundebene* Π *parallel* liegt und daher eine *Hauptlinie* h von $\eta(\varphi)$ ist. Der positive Halbstrahl h_+^v von h^v (bzw. h_+ von h) mit dem Anfangspunkt $\overline{L}_b^v$ (bzw. $\overline{L}_b$) geht durch eine positive Vierteldrehung von h^v (bzw. h) um $\overline{L}_b^v$ (bzw. $\overline{L}_b$), gesehen von der Seite der positiven Flächennormalen von Δ^v (bzw. Δ), im Intervall **T** (20) in den Halbstrahl ($\overline{L}_b^v \to G^v$) (bzw. $\overline{L}_b \to G$) der Tangente f^v von g^v (bzw. f von g) über (vgl. dazu [9], **Nr. 6**). In Abb. 3 ist der Richtungsvektor von f^v (bzw. f) im Intervall **T** (20) wegen der Parameterbelegung von g^v (bzw. g) zum Halbstrahl mit der Richtung $\overline{L}_b \to G^v$ auf f^v genau entgegengesetzt orientiert. Es sei nun $_cD^v$ ein Punkt auf $h^v(\varphi)$ mit dem konstanten Abstand

$$\overline{L}_b^v {}_cD^v = (\overline{L}_b \, {}_cD) = c \tag{30}$$

von $\overline{L}_b^v$, ferner $_c\bar{e}_b^v$ eine Parallele zur verebneten Geodätischen $\bar{l}_b^v$ in L_b^v durch $_cD^v$. Wenn dann $f^v(\varphi)$ für φ aus **T** (20) bzw. einem geeigneten Erweiterungsintervall die Schar der verebneten Erzeugenden von $\Delta^v(f^v)$ durchläuft, so überstreicht $_c\bar{e}_b^v$ (durch den jeweiligen Punkt $_cD^v$ gehend) die Schar der mit Δ verebneten Erzeugenden einer Strahlfläche $_c\overline{\Psi}_b$ von konst. Drall $_c\bar{d}_b = c/\sqrt{3}\,^2$. Man beachte jetzt — wegen des Vorzeichens des Dralls [6] — die Lage von $_cD^v$ auf dem orientierten

---

[2] $_c\bar{d}_b = {}_cd$ ist somit vollkommen unabhängig von b und ϑ.

Schenkel $h^v(\varphi)$ des Rechtwinkelhakens. Der jeweilige Schnittpunkt $_cZ_b{}^v$ von f^v und $_c\bar{e}_b{}^v$ durchläuft bei diesem Bewegungsvorgang die verebnete Striktionslinie $_c\bar{s}_b{}^v$ von $_c\bar{\Psi}_b$ (vgl. Abb. 3 und Abb. 4 für den Fall $\vartheta = 0$). Der soeben geschilderte Mechanismus zur Gewinnung der Schar

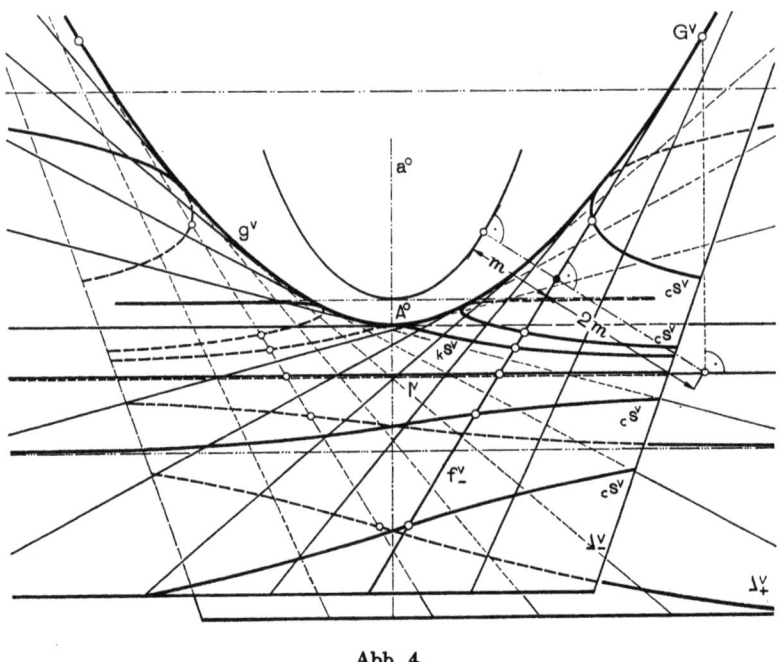

Abb. 4.

der verebneten Erzeugenden bzw. der verebneten Striktionslinie von $_c\bar{\Psi}_b$ kann beim Aufwickeln von Δ^v auf Δ (wie oben angedeutet) mitgenommen werden und eignet sich daher ausgezeichnet zur Ermittlung der räumlichen Erzeugendenschar von $_c\bar{\Psi}_b$ und deren Striktionslinie $_c\bar{s}_b$.

Wegen Gl. (30) und (21) lesen wir nun für den Abstand des Zentralpunktes $_c\bar{Z}_b$ vom Punkt $\bar{L}_b$ aus Abb. 3 den Wert

$$\bar{L}_b{}_c\bar{Z}_b = (\bar{L}_b^v{}_c\bar{Z}_b^v) = -c \cdot \mathrm{tg}\,[\pi/2 - (\vartheta + \psi)] = -c \cdot \mathrm{tg}\,(\varphi - \vartheta) \quad (31)$$

ab, und das Vorzeichen dieses Abstandes ist wegen der entgegengesetzten Orientierung des Richtungsvektors von f (vgl. Nr. 4) gegenüber der Richtung $\overline{L_b \to {}_cZ_b}$ (bzw. $\overline{{}_cZ_b \to G}$) auf f im betrachteten Intervall T (20) negativ. Durch Addition der von φ abhängigen Strecken $\overline{L\,L_b}$, Gl. (26), und $\overline{L_b\,{}_cZ_b}$, Gl. (31), gewinnt man die längs $f(\varphi)$ vom Spurpunkt $L(\varphi)$ auf l aus gemessene Parameterfunktion $v(\varphi)$ des Punktes ${}_c\bar{Z}_b$, nämlich:

$$L\,{}_c\bar{Z}_b = v(\varphi) = -u(\varphi)\Big|_{\varphi_0}^{\varphi} \cdot \frac{\sin\vartheta}{\cos(\varphi-\vartheta)} + \frac{b}{\cos(\varphi-\vartheta)} - \frac{c\cdot\sin(\varphi-\vartheta)}{\cos(\varphi-\vartheta)}. \quad (32)$$

Gl. (32) stimmt für $\vartheta = 0$ und $\varphi = \lambda - \pi/2$ wegen der in unserem Fall entgegengesetzten Orientierung des Richtungsvektors von f und ${}_c\bar{Z}_b \to G$ nur bis auf das Vorzeichen mit Gl. (19) von [9] überein, vorausgesetzt, daß ${}_c\bar{Z}_b{}^v$ tatsächlich auf Δ_+^v liegt.

Auf gleiche Weise, wie in Nr. 4 eine Parameterdarstellung von $\bar{l}_b$, Gl. (27), in homogenen Koordinaten gewonnen wurde, ermitteln wir nun eine solche für eine zur Leitgeodätischen $\bar{l}_b$ gehörige Striktionslinie ${}_c\bar{s}_b$ einer konstant gedrallten Strahlfläche ${}_c\bar{\Psi}_b$, gestützt auf die Gleichungen: Gl. (2) mit $b = 0$, Gl. (32), Gl. (7) mit $w = 1$ und Gl. (4). Für eine Kurve ${}_c\bar{s}_b$ (die einer dreiparametrigen Kurvenschar mit den Parametern b, c, ϑ angehört) erhält man schließlich die gewünschte Darstellung in homogenen Koordinaten, wenn man in die Gl. (27) (einer zunächst beliebigen, auf Δ verlaufenden Kurve) für $V(t)$ folgende Funktion einsetzt:

$$V(t) = -\sin\vartheta \cdot Q(t) \cdot (1+t^2) + t^2(1-t^2) \cdot [b(1+t^2) - c\cdot R(t)], \quad (33)$$

worin

$$R(t) = 2\cos\vartheta \cdot t - \sin\vartheta \cdot (1-t^2) \quad (34)$$

bedeutet. Eine Kurve ${}_c\bar{s}_b$ (27 mit 29, 33 und 34) ist i. a. *transzendent*, und zwar genau dann, wenn $\sin\vartheta \neq 0$ ist (siehe Gl. 33 und 29), so wie das für ihre „*Leitgeodätische*" $\bar{l}_b$, Gl. (27 mit 28, 29) der Fall war.

Nur wenn man der Kurvenschar ${}_c\bar{s}_b$, Gl. (27 mit 29, 33, 34) mit $b = konstant$ eine *algebraische Geodätische* $\bar{l}_b$ (i. a. von 8. Ordnung),

Gl. (5) bzw. Gl. (27 mit 28, 29) mit $\vartheta = 0$ zugrunde legt, wenn also in Gl. (27 mit 29, 33, 34) $\vartheta = 0$ angenommen wird, gelangt man zu einer zweiparametrigen Schar von algebraischen Striktionslinien $_cs_b$ (von Flächen $_c\Psi_b$) mit der Gleichung:

$$\begin{aligned} x_0 : x_1 : x_2 : x_3 &= t^2(1-t^2)(1+t^2)^2 \\ &: \frac{k}{8}(1-14t^2+t^4)(1-t^2)(1+t^2)^2 - 2t^3(1-t^2)[b(1+t^2)-2ct] \\ &: \frac{k}{4}(3-10t^2+3t^4)(1+t^2)^2 t + \frac{1}{2}t^2(1-6t^2+t^4)[b(1+t^2)-2ct] \\ &: \sqrt{3}\frac{k}{4}(1-6t^2+t^4)(1+t^2)^2 t - \frac{\sqrt{3}}{2}t^2(1+t^2)^2[b(1+t^2)-2ct] \end{aligned} \quad (35)$$

Jede dieser Kurven $_cs_b$ — sie weisen i. a. die Ordnung *zehn* auf — überstreicht *genauso wie ihre Leitgeodätische* l_b die Trägertorse Δ *zweimal* (vgl. dazu **Nr. 3**). Greift man aus der zweiparametrigen Schar von Kurven $_cs_b$, Gl. (35), jene Schar von Kurven $_cs$ heraus, für welche $b = 0$ ist, wählt man also *die einzige Geodätische 3. Ordnung* l von Δ (siehe Gl. 15 bzw. Gl. 5 mit $b = 0$) *als Leitgeodätische*, so kann die nunmehr für $b = 0$ vorliegende Parameterdarstellung (35) der Kurven $_cs$ durch die Parametertransformation (14) in eine solche von der Ordnung *fünf*, nämlich

$$\begin{aligned} x_0 : x_1 : x_2 : x_3 &= 2(1+s^2)s^2 \\ &: k(1+s^2)(1-3s^2) + 2cs^4 \\ &: -k(1+s^2)(3-s^2) + cs^3(1-s^2) \\ &: -\sqrt{3}\,k(1+s^2)(1-s^2)s - \sqrt{3}\,cs^3(1+s^2) \end{aligned} \quad (36)$$

übergeführt werden. Insbesondere hat jene Kurve $_cs$, Gl. (36), für welche $c = k$ gewählt wird — also die *Striktionslinie* $_ks$ einer gewissen (in **Nr. 6** näher beleuchteten) Strahlfläche $_k\Psi$ mit dem konstanten Drall $_kd = k/\sqrt{3}$ — nur die Ordnung *vier*. Für diese Kurve errechnet man tatsächlich aus Gl. (36):

$$\begin{aligned} x_0 : x_1 : x_2 : x_3 &= 2(1+s^2)s^2 : k(1-2s^2-s^4) \\ &: -ks(3+s^2) : -\sqrt{3}\,ks(1+s^2) \end{aligned} \quad (37)$$

Nr. 6

Eine *Plückerkoordinatendarstellung* der zu einer *algebraischen Striktionslinie* $_c\mathfrak{s}_b$, Gl. (35), gehörigen *konstant gedrallten Strahlfläche* $_c\Psi_b$ *(mit Δ als Zentraltorse)* findet man rasch, indem man von der die Torse Δ zweimal durchlaufenden Striktionslinie $_c\mathfrak{s}_b$ und der auf dem Intervall **I** (1) zweimal durchlaufenen Fernkurve $\mathfrak{g}_u$ dieser Fläche $_c\Psi_b$ (zugleich Fernkurve des Richtkegels $\mathfrak{K}^+$, Gl. 8, dieser Flächen) ausgeht. Für diese Fernkurve $\mathfrak{g}_u$ von $_c\Psi_b$ bekommt man auf Grund von Gl. (8) und der Parametertransformation (4) folgende homogene Koordinaten:

$$x_0 : x_1 : x_2 : x_3 = 0 : (1-t^2)^3 : 3t(1-t^2)^2 + 4t^3 : \sqrt{3}\,t(1+t^2)^2. \tag{38}$$

Im allgemeinen Fall ($c \neq 0$, $b \neq 0$) errechnet man schließlich aus Gl. (35) und Gl. (38) für eine *algebraische konstant gedrallte Fläche* $_c\Psi_b$ die Plückerkoordinaten:

$$\left.\begin{aligned}
p_1 : \ldots : p_6 = &\;(1-t^2)^3 t : [3t^2(1-t^2)^2 + 4t^4] : \sqrt{3}\,t^2(1+t^2)^2 : \\
&: 2\sqrt{3}\,t^2(1-t^2)\{2kt + [b(1+t^2) - 2ct]\} \\
&: \frac{\sqrt{3}}{2}\left\{\frac{k}{4}(1-t^2)^4 + 12kt^4 - t(1-6t^2+t^4)[b(1+t^2) - 2ct]\right\} \\
&: -\frac{1}{2}(1+t^2)^2\left\{\frac{3k}{4}(1+t^2)^2 + t[b(1+t^2) - 2ct]\right\}
\end{aligned}\right\} \tag{39}$$

Gl. (39) weist eine Fläche $_c\Psi_b$ ($b \neq 0$, $c \neq 0$) als *rationale Fläche 8. Grades* aus; der *Drall* $_cd_b = c/\sqrt{3}$ einer solchen *konstant gedrallten Fläche* ist nach [9], **Nr. 6**, unabhängig von der Konstanten b, welche die zu einer Geodätischen $\mathfrak{l}_b$ gehörige Flächenschar $_c\Psi_b$ kennzeichnet.

Wie zu erwarten war, reduziert sich die Ordnung von $_c\Psi_b$, Gl. (39), sobald $b = 0$ ($c \neq 0$) angenommen wird. In diesem Fall führt nämlich die Transformation (14) die Parameterdarstellung Gl. (39), mit $b = 0$, einer *Fläche* $_c\Psi$ in eine solche vom *Grad vier*

$$\left.\begin{aligned}
p_1 : \ldots : p_6 = &\;4s : -2s^2(3+s^2) : -2\sqrt{3}\,s^2(1+s^2) \\
&: 4\sqrt{3}\,(k-c)s^3 \\
&: -\sqrt{3}\,k(1+3s^4) - 2\sqrt{3}\,c \cdot s^2(1-s^2) \\
&: 3k(1+s^2)^2 - 2cs^2(1+s^2)
\end{aligned}\right\} \tag{40}$$

über. Die *Striktionslinien* $_c$s, Gl. (36), dieser *Flächen* $_c\Psi$ haben für $c \neq k$ die *Ordnung fünf*.

Jene *Fläche* $_k\Psi$ aus der Schar $_c\Psi$, Gl. (40), für die $c = k$ angenommen wurde und deren *Striktionslinie* $_k$s nach Gl. (37) nur mehr die Ordnung *vier* aufweist, ist ebenfalls eine *Fläche vierten Grades* mit den Plückerkoordinaten:

$$p_1 : \ldots : p_6 = 4s : -2s^2(3+s^2) : -2\sqrt{3}\,s^2(1+s^2) \\ : 0 : -\sqrt{3}\,k(1+s^2)^2 : k(1+s^2)(3+s^2) \quad \} \tag{41}$$

Jede Erzeugende $_k$e von $_k\Psi$, Gl. (41), trifft wegen $p_4 = 0$ die x-Achse (Achse a° der Grundparabel p° ... $x_2 = 0$, $x_3 = 0$) in dem Spurpunkt

$$_k\mathsf{E}\,[2s^2 : -k(1+s^2) : 0 : 0], \tag{42}$$

so daß a° auf alle Fälle *Leitlinie* von $_k\Psi$ (41) sein muß. Weil die zu s und $-s$ gehörigen Erzeugenden von $_k\Psi$ stets bzgl. a° symmetrisch liegen und a° im gleichen Punkt $_k$E, Gl. (42), treffen, ist a° sogar eine *zweifache Leitgerade* der *vorliegenden Fläche vierten Grades* $_k\Psi$. Bezeichnet man noch den Neigungswinkel der Verbindungsebene ε einer Erzeugenden $_k$e von $_k\Psi$ mit der Leitgeraden a° (x-Achse) gegen die Grundebene Π (x, y-Ebene) mit ν, so erhält man für den Tangens dieses Winkels ν und die Abszisse $x = x_1 : x_0$ des Schnittpunktes $_k$E, Gl. (42), von $_k$e mit a° die bilineare Relation:

$$3x \cdot \mathrm{tg}\,\nu - \sqrt{3}\,x + k \cdot \mathrm{tg}\,\nu = 0. \tag{43}$$

Diese projektive Beziehung, Gl. (43), legt ein *parabolisches Netz* $\mathfrak{P}$ mit der *Brennlinie* a° fest, dem die Fläche $_k\Psi$ angehört. Wie wir schon oben vermuten konnten, ist diese *Netzfläche* $_k\Psi$ *mit der einzigen konstant gedrallten Netzfläche vierten Grades identisch*, die H. Brauner im Jahre 1961 entdeckte (siehe dazu [2] sowie [8], **Nr. 2** bis **Nr. 6**).

Man denke sich nun eine bestimmte Erzeugende $_k$e von $_k\Psi$ samt ihrer Zentralebene η herausgegriffen. Die Spurgerade von η, die wegen der in **Nr. 2** angegebenen Erzeugungsweise der Zentraltorse Δ von $_k\Psi$ im betrachteten Moment mit der Achse a der auf p° abrollenden Parabel p zusammenfällt, trifft die Achse a° der ruhenden Parabel p° genau im Spurpunkt $_k$E, Gl. (42), von $_k$e (s. Abb. 1). Nach der in **Nr. 5** verwendeten Erzeugungsweise der Flächen $_c\Psi$ überschneidet jede Erzeugende $_c$e einer Fläche $_c\Psi$ die Zentraltorsenerzeugende f in η unter demselben Winkel ψ (Gl. 21) wie die Leitgeodätische l dieser Flächenschar. $_k$e und die zu f normale Gerade a (Spur von η) schließen daher in der momentanen Lage von η (vgl. Abb. 1 von [8]) den Parameterwinkel φ ein, also

$$\sphericalangle\,_k\mathsf{e}\,\mathsf{a} = \varphi. \qquad (44)$$

Nun bildet aber die den Parabeln p° und p in ihrem Berührungspunkt P° = P gemeinsame Tangente τ' (Grundriß von τ) mit der Parabelachse a von p im betrachteten Moment einen Winkel gleicher Größe, d. h. $\sphericalangle$ a τ' = φ. Daraus folgt ohne weiteres die in [8], **Nr. 2**, angegebene kinematische Erzeugungsweise der konstant gedrallten Netzfläche 4. Grades VIII. Art $_k\Psi$ (mit einer Rückkehrerzeugenden in der Scheiteltangente s° von g).

Ausgehend von dieser Netzfläche $_k\Psi$ — (sie wird in [8] mit Φ bezeichnet) — leitete der Verfasser in [8] unter **Nr. 7** noch folgende einfache Erzeugungsweise von konstant gedrallten Flächen Φ_m ab, die im weiteren Verlauf der Arbeit [8] als die von H. Brauner in [3] angegebenen Flächen *vierten Grades* III. Art *von konstantem Drall* nachgewiesen werden. Eine solche Fläche Φ_m erhält man nach [8], **Nr. 7**, so: Innerhalb jeder Zentralebene η von $_k\Psi$ (= Φ) wird eine Parallele e_m zu der in η vorhandenen Erzeugenden $_k\mathsf{e}$ gezogen, wobei der auf a liegende Spurpunkt E_m von e_m vom Spurpunkt $_k\mathsf{E}$ = (a a°) von $_k\mathsf{e}$ die gleichbleibende Entfernung $_k\mathsf{E}\,\mathsf{E}_m = m$ haben soll. Dann erfüllen diese Geraden e_m eine konstant gedrallte Braunersche Strahlfläche 4. Grades III. Art Φ_m mit Δ als Zentraltorse.

Wie man sofort erkennt, schneiden die zueinander parallelen, in derselben Tangentialebene η von Δ liegenden Erzeugenden zweier verschiedener Flächen aus der Schar $_c\Psi$ sowie aus der Schar Φ_m auf jeder Spurparallelen von η — z. B. h(φ) ∥ a(φ) siehe **Nr. 5** — stets Punkte aus, deren Abstand konstant ist (siehe Gl. 30 sowie [9], **Nr. 6**). Da für die beiden Scharen von konstant gedrallten Flächen $_c\Psi$ und Φ_m mit der Netzfläche $_k\Psi$ bereits eine gemeinsame Fläche nachgewiesen ist, müssen die mit Gl. (40) erfaßten und nach [9], **Nr. 6**, erzeugten Flächen $_c\Psi$ mit den Braunerschen konstant gedrallten Flächen 4. Grades III. Art Φ_m ([8], **Nr. 7**) identisch sein. Wie man sich leicht überlegt, stimmt eine Fläche $_c\Psi$, Gl. (40), mit einer Fläche Φ_m dann überein, wenn $c = k - m$ (vgl. dazu auch den Drall dieser Flächen [8], Gl. 17) angenommen wird. Insbesondere ist die in der Schar $_c\Psi'$ enthaltene Fläche $_0\Psi'$, Gl. (40) mit $c = 0$, — sie ist uns bereits als die Tangentenfläche Λ_0 der ausgezeichneten Geodätischen 3. Ordnung I von Δ bekannt —, mit der einzigen in der Schar Φ_m enthaltenen abwickelbaren Fläche $\Phi_k{}^3$ ([8], **Nr. 7**) identisch.

Nr. 7

Abschließend sei noch die Frage nach jenen *kubischen Böschungstorsen* $\Delta(m)$ mit $m = \cos\beta \neq 1/2$ aufgeworfen, die (ebenso wie Δ für $m = 1/2$) Träger *algebraischer Geodätischer* und damit *algebraischer Striktionslinien konstant gedrallter algebraischer Strahlflächen* mit $\Delta(m)$ als *Zentraltorse* sind[4]. Beschränkt man sich bei diesen Untersuchungen auf jene Geodätischen $l(m)$ von $\Delta(m)$, die bzgl. der Hauptnormale $\mathbf{a}^\circ(m)$ im Scheitel $\mathbf{A}^\circ(m)$ der Gratlinie $g(m)$ von $\Delta(m)$ orthogonalsymmetrisch sind [und daher allenfalls als geschlossene Kurven auf $\Delta(m)$ in Frage kommen], so darf man sofort an die Ausführungen zu Beginn von [7], **Nr. 2**, anschließen und die für diese besonderen Geodätischen $l(m)$ entwickelte Gleichung Gl. (5) mit Gl. (9) übernehmen. Wird dabei

$$\left.\begin{array}{c}\cos\beta = m = \dfrac{p}{q}\ [p, q \text{ ganze Zahlen und } 0 \leqslant p < q \text{ falls } \Delta(m) \\ \text{reelle Erzeugenden haben soll}]\end{array}\right\} \quad (46)$$

als rational gebrochene Zahl vorausgesetzt, so führt die Parametertransformation $\operatorname{tg}\dfrac{\varphi}{2q} = t$ (in speziellen Fällen $\operatorname{tg}\dfrac{\varphi}{q} = t$) den in [7] Gl. (5 bis 9) auftretenden Integranden (von Gl. 9) stets in eine rational gebrochene Funktion in t über. Die Frage nach den algebraischen speziellen Geodätischen $l(m)$ von $\Delta(m)$ wird damit gleichbedeutend mit der Frage, für welches $m = \dfrac{p}{q}$ die Stammfunktion von Gl. (9) aus [7] eine

---

[3] Für diese Fläche Φ_k und damit auch für ihre Gratlinie I, die Geodätische 3. Ordnung von Δ, findet man in [8], **Nr. 7**, die notwendigen Hinweise für eine einfache konstruktive Behandlung, wonach auch Abb. 1 rasch entwickelt werden konnte.

[4] Daß letzteres zutrifft, kann man sich leicht mit Hilfe der in [9], **Nr. 6**, angegebenen Erzeugungsweise klarmachen.

rational gebrochene Funktion in t wird, so daß Gl. (5 bis 9) in eine rationale Darstellung in t von $I(m)$ übergeht.

Die bis jetzt in konkreten Fällen ($m = 1/4$, $m = 1/3$) angestellten Untersuchungen haben gezeigt, daß sich die in Frage stehende Stammfunktion (Gl. 9 mit $\operatorname{tg}\dfrac{\varphi}{2\,q} = t$) i. a. als Funktion in t, $\ln t$ und $\operatorname{arctg} t$ darstellen läßt (insbesondere für den Fall $m = 1/4$ als Funktion in t und $\ln t$ allein).

Nehmen wir dennoch einmal an, es gäbe außer zu Δ noch auf anderen kubischen Zentraltorsen $\Delta(m)$ mit konstantem $\cos\beta = m \neq 1/2$ algebraische Geodätische und damit auch algebraische konstant gedrallte Flächen[4]. Dann wollen wir zeigen, daß unter diesen Flächen keinesfalls weitere Flächen 4. Grades vorkommen können, daß also die von H. Brauner in [3] angegebenen *konstant gedrallten Flächen 4. Grades III. Art*, zusammen mit der *einzigen konstant gedrallten Netzfläche 4. Grades VIII. Art* [2], die *einzigen konstant gedrallten Flächen 4. Grades* mit einer konstant geböschten *kubischen Zentraltorse* sind.

Wir betrachten dazu den Richtkegel $\overline{\mathfrak{K}}^+(m)$ einer mit $\Delta(m)$ gegebenen konstant gedrallten Strahlfläche $\overline{\Psi}(m)$ bzw. der Tangentenflächen $\overline{\Lambda}(m)$ von Geodätischen $\overline{I}(m)$ auf $\Delta(m)$; jeder solche Kegel $\overline{\mathfrak{K}}^+(m)$ hat den Richtdrehkegel $\Delta^+(m)$ von $\Delta(m)$ als Evolutenkegel (siehe dazu [7], **Nr. 2**). Ohne Einschränkung der Allgemeinheit dürfen wir aus den untereinander kongruenten Richtkegeln $\overline{\mathfrak{K}}^+(m)$ jenen Kegel $\mathfrak{K}^+(m)$ auswählen, der zu den bezüglich $a^\circ(m)$ axialsymmetrischen Tangentenflächen $\Lambda(m)$ von Geodätischen $I(m)$ gehört (siehe oben). Eine zweckmäßige Parameterdarstellung dieses Kegels $\mathfrak{K}^+(m)$ entnehmen wir wiederum aus [7], Gl. (4). Um die Ordnung von $\mathfrak{K}^+(m)$ zu untersuchen, betrachten wir einen Schnitt dieses Kegels mit einer Ebene parallel zur xy-Ebene, etwa mit $z = \sin\beta$; die aus Gl. (4) von [7] folgende Darstellung dieser Kurve in homogenen Koordinaten lautet dann:

$$\left.\begin{aligned} x_0 : x_1 : x_2 : x_3 &= 1 + T \operatorname{tg} 2m\varphi \\ &: (T - \operatorname{tg} 2m\varphi)\cos 2\varphi + m(1 + T \operatorname{tg} 2m\varphi)\sin 2\varphi \\ &: (T - \operatorname{tg} 2m\varphi)\sin 2\varphi - m(1 + T \operatorname{tg} 2m\varphi)\cos 2\varphi \end{aligned}\right\}, \quad (47)$$

wobei
$$T = \operatorname{tg} m\pi \tag{48}$$
bedeutet. Auf Grund der *Moivre*schen Gleichung
$$\cos n\alpha + i \cdot \sin n\alpha = (\cos \alpha + i \cdot \sin \alpha)^n \tag{49}$$
findet man für ganzzahliges n nach Trennung von Real- und Imaginärteil für $\sin n\alpha$ sowie $\cos n\alpha$ Polynome, in denen nur mehr Potenzen von $\sin \alpha$ und $\cos \alpha$ auftreten; demgemäß kann Gl. (47), sofern m gemäß (46) als rational gebrochene Zahl vorausgesetzt wird, umgeformt werden und

a) falls q eine *ungerade* Zahl ist, führt die Transformation
$$\operatorname{tg}\frac{\varphi}{q} = t \tag{50}$$

die Gl. (47) in eine *rationale Darstellung* in t mit dem *Grad* $2(p+q)$ über.

b) Falls jedoch q eine *gerade* Zahl ist, kann die Transformation
$$\operatorname{tg}\frac{2\varphi}{q} = s \tag{51}$$

ebenfalls das Gewünschte leisten, und der *Grad* der neuen Gleichung nimmt den Wert $p+q$ an.

Wir schließen daraus, daß ein Richtkegel $\overline{\mathfrak{R}}^+(m)$ — ein Evolventenkegel des Drehkegels $\Delta^+(m)$ — der zu $\Delta(m)$ gehörigen konstant gedrallten Strahlflächen $\overline{\Psi}(m)$ [insbesondere der zu $a°(m)$ symmetrischen] *genau dann algebraisch ist, wenn (46) gilt, und zwar weist $\overline{\mathfrak{R}}^+(m)$ für gerades q die Ordnungszahl $p+q$ und für ungerades q die Ordnungszahl* $2(p+q)$ auf.

Mit diesen Ausführungen ist klargestellt, daß unter den eventuell existierenden weiteren algebraischen konstant gedrallten Flächen mit einer (nicht komplexen) *kubischen Zentraltorse* $\Delta(m)$ konstanter Böschung ($m \neq 1/2$) *keinesfalls* solche von 4. *Grad* vorkommen, weil allein schon ihre *Richtkegel* $\overline{\mathfrak{R}}^+(m)$ stets eine Ordnungszahl größer oder gleich *fünf* aufweisen. Damit ist obige Behauptung erwiesen.

Literaturverzeichnis

[1] Brauner, H.: Die Strahlfläche 3. Grades mit konstantem Drall, Mh. Math., Bd. **64** (1960) 101–109.

[2] Brauner, H.: Die konstant gedrallte Netzfläche 4. Grades, Mh. Math., Bd. **65** (1961) 53–73.

[3] Brauner, H.: Einheitliche Erzeugung konstant gedrallter Strahlflächen, Mh. Math., Bd. **65** (1961) 301–314.

[4] Krames, J.: Über kubische Schraublinien und Cayleysche Strahlflächen 3. Grades, Sb. Akad. Wiss. Wien (math.-nat. Kl.), Bd. **168** (1959) 239–248.

[5] Krames, J.: Über den Drall windschiefer Flächen, Anz. Österr. Akad. Wiss. (math.-nat. Kl.), Bd. **105** (1968) 37–48.

[6] Krames, J.: Über windschiefe Flächen mit konischer Zentraltorse, Mh. Math., Bd. **65** (1961) 337–350.

[7] Meirer, K.: Zur Verebnung kubischer Böschungstorsen, Anz. Österr. Akad. Wiss. (math.-nat. Kl.), Bd. **105** (1968) 37–48.

[8] Meirer, K.: Über besondere windschiefe Flächen 4. Grades mit konstantem Drall, Sb. Akad. Wiss. (math.-nat. Kl.), Bd. **177** (1969) 237–255.

[9] Meirer, K.: Der Drall windschiefer Flächen mit gegebener, insbesondere konstant geböschter Zentraltorse, Sb. Akad. Wiss. (math.-nat. Kl.), Bd. **4** (1969) 125–145.

[10] Müller, E., und J. Krames: Konstruktive Behandlung der Regelflächen, Deuticke, Wien 1931.

[11] Wunderlich, W.: Über eine affine Verallgemeinerung der Grenzschraubung, Akad. d. Wiss. (math.-nat. Kl.), Bd. **3** (1935) 111–129.

GPSR Compliance

The European Union's (EU) General Product Safety Regulation (GPSR) is a set of rules that requires consumer products to be safe and our obligations to ensure this.

If you have any concerns about our products, you can contact us on

ProductSafety@springernature.com

In case Publisher is established outside the EU, the EU authorized representative is:

Springer Nature Customer Service Center GmbH
Europaplatz 3
69115 Heidelberg, Germany

www.ingramcontent.com/pod-product-compliance
Ingram Content Group UK Ltd.
Pitfield, Milton Keynes, MK11 3LW, UK
UKHW021903240426

12048UKWH00037B/1236